农村美好环境与幸福生活共同缔造系列技术指南

农村生活供水建设技术指南

住房和城乡建设部村镇建设司　组织

文　刚　黄廷林　李　凯　万琪琪
　　　　　　　　　　　　　　　　　编写
邓晓丽　王　彤　陈铸昊　曹瑞华

U0330312

中国建筑工业出版社

图书在版编目（CIP）数据

农村生活供水建设技术指南/住房和城乡建设部村镇建设司组织.—北京：中国建筑工业出版社，2018.12
（农村美好环境与幸福生活共同缔造系列技术指南）
ISBN 978-7-112-22946-8

Ⅰ.①农… Ⅱ.①住… Ⅲ.①农村给水—生活供水—给水工程—中国—指南 Ⅳ.①TU991-62

中国版本图书馆CIP数据核字（2018）第260183号

总 策 划：尚春明
责任编辑：石枫华 李 明 李 杰 朱晓瑜
责任校对：芦欣甜

农村美好环境与幸福生活共同缔造系列技术指南
农村生活供水建设技术指南
住房和城乡建设部村镇建设司 组织
文 刚 黄廷林 李 凯 万琪琪
编写
邓晓丽 王 彤 陈铸昊 曹瑞华

*
中国建筑工业出版社出版、发行（北京海淀三里河路9号）
各地新华书店、建筑书店经销
北京点击世代文化传媒有限公司制版
北京富诚彩色印刷有限公司印刷
*
开本：850×1168毫米 1/32 印张：1⅜ 字数：26千字
2019年3月第一版 2019年3月第一次印刷
定价：**16.00**元
ISBN 978-7-112-22946-8
（33042）

版权所有 翻印必究
如有印装质量问题，可寄本社退换
（邮政编码 100037）

丛书编委会

主　编：卢英方

副主编：尚春明

编　委：

王旭东	白正盛	张晓鸣	侯文峻
苗喜梅	陈　伟	王　欢	鞠宇平
卫　琳	马　楠	李　华	李　郇
熊　燕	丁　奇	赵　辉	彭小雷
宋晓龙	欧阳东	石枫华	李　明
李　杰	朱晓瑜	汪政超	秦红蕾

前　言

随着《全国农村饮用水安全工程"十一五"规划》和《全国农村饮用水安全工程"十二五"规划》的实施,我国着力开展农村供水工程建设,逐步解决了供水基础设施建设不足的问题,提高了安全饮用水保障水平。

"十三五"期间,农村饮用水安全的主要任务是:切实维护好、巩固好已建工程成果;坚持"先建机制、后建工程",因地制宜加强供水工程建设与改造,科学规划、精准施策,优先解决贫困地区农村供水基本保障问题;进一步强化水源保护和水质保障。按照全面建成小康社会的总体要求,到2020年,通过实施农村饮用水安全巩固提升工程,采取新建、改扩建等措施,进一步提高农村集中供水率、城镇自来水管网覆盖行政村比例、自来水普及率、水质达标率和供水保证率,为全面建设小康社会提供良好的饮用水安全保障。

为了落实"十三五"规划和全面建成小康社会的要求,进一步完善农村生活供水基础设施建设,特编写本书,以指导农村基层管理人员、技术人员科学规划和组织实施建设农村生活供水工程建设,引导普通民众增强水源保护意识和节水意识,养成安全饮用水的习惯,共同建设农村美好环境与幸福生活。

目　录

一 概述

由于独特的社会、经济以及自然条件，农村供水与一般城市供水有很大的不同，主要有以下特点：

第一、农村供水规模通常较小，工程投资小，建设周期短；

第二、农村用户居住分散，供水管线较长、供水区域相对较大，另外，由于农村供水规模较小，管网管径也一般较小；

第三、我国农村地区分布广袤，除平原地区外，农村地区一般地形复杂，地理情况差异较大，供水工程复杂多样。

人口居住较集中的村落　　　　人口居住较分散的村落

（一）饮用水与人体健康

饮用水对人体健康的影响主要来自病原菌、有毒重金属和有毒有机污染物。饮用水常见污染物以及其主要健康风险见下表。

饮用水常见污染物与人体健康风险

污染物	主要来源	健康风险	应对方法
细菌总数	水中病原菌来自于土壤、垃圾、人和动物排泄物等，包括细菌和病毒	伤寒、霍乱、肠胃炎、痢疾和传染性肝炎等	1. 高温灭菌； 2. 消毒剂灭菌； 3. 太阳光消毒
浑浊度	浑浊度是水中泥沙、黏土以及浮游生物和其他微生物等悬浮物造成	1. 干扰水中细菌和病毒的检测； 2. 影响消毒效果	1. 沉淀处理； 2. 过滤处理； 3. 超滤膜技术
硬度	硬度主要来源是沉积岩及土壤冲刷的金属离子。主要是钙、镁离子	1. 易导致胆结石、肾结石； 2. 造成皮肤瘙痒、过敏性皮炎等	1. 加热软化法； 2. 药剂软化法； 3. 化学结晶流化床
氨氮 （NH_4^+-N）	氨氮主要来源于大气中化石燃料燃烧和汽车尾气排放的氮氧化物、生活污水和某些含氮工业废水的排放	1. 对神经中枢系统有危害； 2. 导致认知能力丧失，突发性心脏病，及脑瘫等症状	1. 折点氯化法； 2. 生物氧化法； 3. 沸石处理法
铁、锰 （Fe、Mn）	铁、锰砷主要存在地下水中，来源分为自然源与人为污染源	铁锰过多，可引起食欲不振，呕吐，肠胃道紊乱等	1. 化学接触氧化； 2. 生物氧化法
砷（As）	砷主要存在地下水中，砷是自然形成的。通常有3价砷和5价砷两种形态	1. 皮肤角质化、结膜炎、心血管等疾病； 2. 使人体致癌； 3. 阻碍儿童智力发育	1. 强化混凝技； 2. 吸附处理技术
氟（F）	氟主要存在于地下水中，是含氟岩矿溶解所致。常见价态是-1价	1. 氟骨症和氟斑牙； 2. 影响人体骨骼发育	吸附除氟法

（二）农村安全供水面临的主要问题

我国是一个农业大国，农村的供水设施比较薄弱，供水水源面临着不同程度的污染，并且由于缺乏规范的排水和治污措施，农村缺水问题也日渐加剧。农村居民生活饮用水存在的主要问题如下图所示。

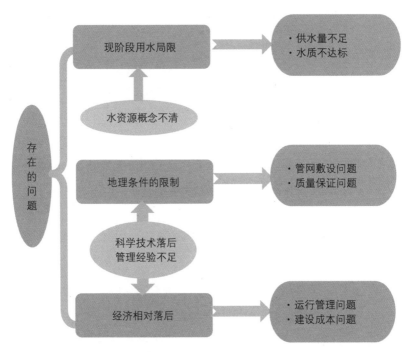

农村生活供水面临的主要问题

▶ (三)农村饮用水安全评价方法

农村饮用水安全评价指标体系分安全和基本安全两个层次，由水质、水量、方便程度和保证率4项指标组成。

| 水 量 | · 安　　全：每人每天可获得的水量不低于40～60升 |
| | · 基本安全：每人每天可获得的水量不低于20～40升 |

| 水 质 | · 安　　全：符合《生活饮用水卫生标准》GB5749-2006 |
| | · 基本安全：符合《农村实施〈生活饮用水卫生标准〉准则》 |

| 方便程度 | · 安　　全：供水到户或人力取水往返时间不超过10分钟 |
| | · 基本安全：人力取水往返时间不超过20分钟 |

| 保证率 | · 安　　全：供水水源保证率不低于95% |
| | · 基本安全：供水水源保证率不低于90% |

农村饮用水安全评价指标体系

4项指标中只要有1项指标低于安全或基本安全最低值，就不能定为饮用水安全或基本安全。

▶ (四)水质检测机构

农村饮用水水质检测可以委托有CMA（中国计量认证）水质检测资质的检测机构来检测。主要包括：国家城市供水水质监测网下属各地方监测站，国家生态环保部门所属的环境监测站及各地水环境监测中心，中国疾病预防控制中心及各地疾病预防控制中心。

中国城市供水水质督察网：www.nwqc.gov.cn

中国环境监测总站：www.cnemc.cn

中国疾病预防控制中心：www.chinacdc.cn

国家城市供水水质监测网，由住房和城乡建设部城市供水水质监测中心（国家水质中心）和直辖市、省会（自治区首府）城市及计划单列市等36个城市供水水质监测站（国家站）组成。这些检测站具有 CMA 水质检测资质，能够对《生活饮用水卫生标准》GB5749-2006 中的 106 项指标进行检测。

二 农村饮用水安全工程建设流程

（一）农村饮用水工程资金筹措

　　由国家发展改革委、水利部、住房和城乡建设部联合印发的《水利改革发展"十三五"规划》中提出，要创新水利投融资机制，继续将水利作为公共财政支持的重点，鼓励和引导社会资本参与水利工程建设运营，加大金融支持水利工程建设。根据《农村饮用水安全工程建设管理办法》（发改农经〔2013〕2673号），农村饮用水安全工程资金由中央和地方财政以及受益农户共同负担：

　　（1）中央投资重点用于补助中西部地区，对东部、中部、西部地区农村饮用水安全工程建设的平均投资补助比例分别为33%、60%和80%。

　　（2）地方投资中，东部地区省级安排的投资不应低于地方总投资的30%；中西部地区省级安排的投资不应低于地方

中央扶持补助及地方政府财政投入

银行贷款

村民集资

私营企业投资入股

总投资的 50%，不要求县及县以下配套。

（3）农民自筹资金不超过工程总投资的 10%。不足部分由地方从其他资金渠道解决。

（二）农村饮用水工程建设流程

根据《农村饮用水安全工程建设管理办法》（发改农经〔2013〕2673号），农村饮用水工程的建设流程主要包括建设前期准备，项目实施和建设后管理。

1. 建前准备

2. 项目实施

3. 建后管理

三　农村安全供水水量保障方案

（一）集中式供水方案

集中式供水系统的供水水质及水量保证率高，用户使用方便，且便于维护管理。对于平原地区，以地下水为水源且无充沛水量的集中水源可利用时，可采用多个水厂联网供水，水源互为备用。在山丘地区，应充分利用地形，建高位水池，规划自流供水工程。受水源水量限制或位置偏僻的村庄，可规划建设小型集中供水工程。

1. 集中式供水的主要流程

农村集中式供水系统主要有以下几种类型：

（1）管网延伸式供水

根据《村镇供水工程设计规范》（SL-687-2014），对于居住集中的村庄，可充分利用已建的可靠供水工程向周边村镇延伸供水，实现村镇一体化或城乡一体化供水。但应根据水量、成本等方面的计算，论证其技术可行性与经济可行性。

（2）小型集中式供水

对于距县城、镇远的村子，可采用单村或联村集中供水的方式，兴建水塔或者小型水厂，通过输水干管进村，树枝状布置至供水点。

（3）农村集中供水点供水

对于居住分散、难兴建管网的村子，可设农村集中供水点。统一建井，分户用水泵抽水，或统一建蓄水井（窖），分户取水。

集中供水池

水塔

供水站

2. 水源的选择

水源选择的基本原则有：

（1）水源水量充沛可靠；

（2）水源水质应符合国家标准（GB/T14848 或 GB3838 的要求）；

（3）水源选择应考虑安全、经济以及便于水源保护等因素；

（4）选择水源时，根据村镇近、远期规划，合理选择水源位置。

主要集中式供水水源的特点见下表：

主要集中式供水水源特点

水源	水质	水量	方便程度	可靠性	费用
泉水	优质	较稳定	需要蓄水，也可依据重力流供水	不同类型泉水可靠性不同	较低
池塘、湖水	水源水质差异较大	枯水期水量减少	一般要设水泵，需要蓄水	中等，需要对处理系统进行维护	费用由中到高
河流、溪水	山区水质较好，低洼地区水质较差	中等；可能有季节性波动	设取水口后非常方便	较好	费用由中到高
地下水	较好	水量稳定	地下水水源开采难度相对较大	较好	较高

在选择水源时可依照以下先后顺序考虑水源的选取：

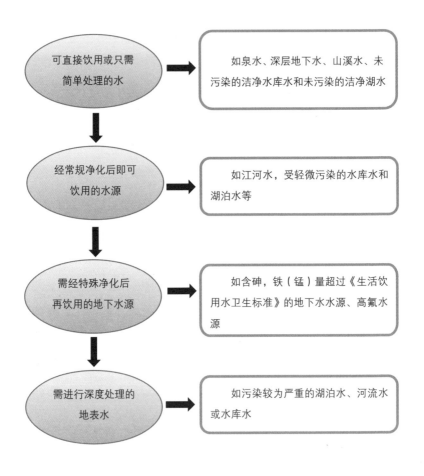

可直接饮用或只需简单处理的水 → 如泉水、深层地下水、山溪水、未污染的洁净水库水和未污染的洁净湖水

经常规净化后即可饮用的水源 → 如江河水，受轻微污染的水库水和湖泊水等

需经特殊净化后再饮用的地下水源 → 如含砷，铁（锰）量超过《生活饮用水卫生标准》的地下水水源、高氟水源

需进行深度处理的地表水 → 如污染较为严重的湖泊水、河流水或水库水

3. 供水管网系统

（1）管材及管径的确定

供水管网系统中，根据水压、外部条件、土壤性质等因素来选择合适的管材。下表给出了常用的几种管材及主要性能。

供水管材性能表

管材性能	钢筋混凝土管	钢管	球墨铸铁管	PVC 管
承压能力	较低	高	较高	较高
耐冲击性	较低	高	较高	较高
重量	最重	较重	较重	较轻
防腐	无需防腐	内外壁需防腐	内外壁需防腐	无需防腐
施工条件	运输、安装麻烦	运输、安装较麻烦	运输、安装较麻烦	运输、安装方便
使用经验	丰富	局部使用	丰富	丰富
管道参考造价（DN200）	125 元 / 米	245 元 / 米	200 元 / 米	120 元 / 米

钢筋混凝土管　　　　　　　　　　　　　　　钢管

各种管材

球磨铸铁管　　　　　　　　　　　　　　　PVC管

根据《村镇供水工程设计规范》，地埋管材可采用球墨铸铁管或 PVC 管等。露天管道应选用金属管，采用钢管时应进行内外防腐处理，内防腐不应采用有毒材料，并严禁采用冷镀锌钢管。

（2）输水方式

在供水系统中，由于给水管网分布在村镇供水的整个区域，纵横交错，形成网状，所以称为管网。从水源输水到村镇供水厂或从水厂输水到相距较远管网的管线和管渠称为输水管渠。配水到用户的干管和支管，称为配水管。

输水管道施工   配水干管施工

供水管网

配水支管施工   供水到户

输水管道按其输水方式，可以分为重力输水和压力输水管道，农村供水系统中，输水方式选择原则如下：

1）应充分利用有利地形，优先考虑重力流输水；

2）在地势落差较大的地方可考虑采用减压措施，而部分压力不足的地方可考虑采用局部加压装置，如设置泵站等。

减压阀　　　　　　　　　　　　加压泵站

（3）水量调节设施

如果用水量变化较大，高峰用水时间较短，可考虑在适当位置设置水量调节设施，比如调节水池、水塔或蓄水池等。

调节水池　　　　　　　　　　　蓄水池

（二）分散式供水方案

分散式供水系统水质不易保证，容易受污染，用户用水不便，仅适用于居住过度分散，没有电源或没有适宜水源的地区。

1. 分散式供水系统构成方式

农村分散式供水系统主要有以下几种类型。

（1）分散式供水井

对于住户稀少且居住偏远分散，住区内有良好浅层地下水或泉水的村庄，可建造引泉工程或单户打水井，用小型水泵抽水至存水设施内（家用水桶或水罐）。经济条件较好的农户，提倡因地制宜发展一家一户的家庭简易自来水。家庭简易自来水供水方式如下图所示。

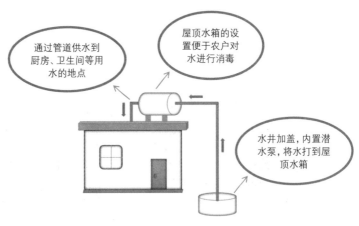

家庭简易自来水供水方式

（2）水窖供水

水窖是在无管网设施或缺水地区挖建的用于蓄存水源的地窖。如我国西部农村修建混凝土构造的水窖，可以定期将水源运至水窖，居民从水窖中

水窖

取水使用，有效地解决了农民群众缺水问题。但采用该种方式供水较消耗劳动力且蓄水时应注意提高水源抗旱能力。

（3）无塔供水器供水

无塔供水器也叫压力罐，设备中的水压高于外界压力，自动将水送至用水点，实现了家用小型化自来水工程。无塔供水器构建简单，投资成本低，停电后仍可供水，调试运行后数年不需看管，能在农村地区广泛推广使用。

无塔供水器的供水示意图如下：

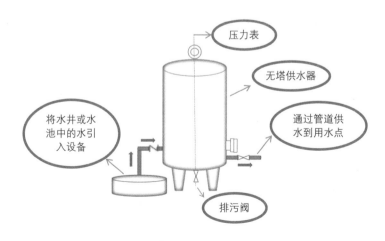

压力表

无塔供水器

将水井或水池中的水引入设备

通过管道供水到用水点

排污阀

2. 水源的选择

分散式供水系统的水源选择原则与集中式供水系统相同。

3. 水量调节设施

对于分散村落，供水保证率低，应做好存水工作。供水到户后，户内引一支管线输水至屋顶水箱，水箱有缓冲和存水的作用。在降水减少的年份，可将自来水或者井水引入水窖预存，保证缺水季节可作为应急水源。

屋顶水箱

四 农村安全供水水质保障方案

　　我国农村地区分布广袤，各类水源水质差异较大，不同的供水系统也会面临不同的水质问题。依据我国饮用水常规水质指标，针对农村地区的几种常见水质问题，提出适当的处理工艺及技术。

▶ （一）微生物污染

　　天然水由于受到生活污水和工业废水的污染而含有各种微生物，其中包括能致病的细菌性病原微生物和病毒性病原微生物。消毒的目的就是杀死各种病原微生物，防止水致疾病的传播，保障人们身体健康。

　　微生物污染的处理主要通过消毒，方法主要有高温灭菌、添加消毒剂（应用最广泛的为氯消毒，二氧化氯）和紫外消毒等。

主要形成原因	标准
水中细菌来自于土壤、垃圾、人和动物排泄物等	细菌总数≤100 CFU/mL；大肠杆菌每100毫升水样中不得检出

细菌总数/总大肠菌数

危害	处理方法
世界上有80%的疾病与水体被寄生虫、病毒、病菌污染有关。引起伤寒、霍乱、肠胃炎、痢疾和传染性肝炎等	1. 高温消毒 2. 添加消毒剂 3. 紫外消毒 4. 太阳光消毒

（1）高温消毒

高温消毒是对少量水进行消毒的
最有效方法，通过煮沸可杀灭水中的
病原微生物，方法简单实用。高温消
毒水处理法在我国应用比较普遍。我
国有饮茶的习惯，并且每家都有热水

瓶，因此在过去的 30 年中，我国基本上杜绝了饮用水造成的疾病。

（2）化学消毒剂消毒

氯化消毒是最常用的化学
消毒方法，氯制剂主要有液氯、
氯片、漂白粉、二氧化氯片、
有机氯制剂等。

（3）紫外线消毒

紫外线杀菌消毒是利用紫
外线对微生物细胞中遗传物质
的破坏作用，使微生物细胞死

加氯设备

紫外消毒器

亡，达到杀菌消毒的效果。紫外线消毒适用性广泛，市场上针对集中供水和分散供水分别有对应尺寸的紫外消毒器。

（4）太阳光消毒（SODIS）

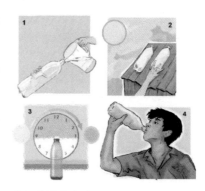

是一种简单的太阳光水消毒方法，是瑞士联邦水研究中心（EAWAG）研究开发并在世界多个发展中国家推广应用的一种新方法。该方法将水装入透明的玻璃（或塑料）瓶之后，在充足的日光下晒6小时。

太阳光消毒方法

通过紫外线 UVA 波段辐照和水温升高的共同作用，使病原体破坏，使水得以消毒。该方法在农村落后地方可以推广实施。

▶ （二）浑浊度

浊度是指溶液对光线通过时所产生的阻碍程度，它包括悬浮物对光的散射和溶质分子对光的吸收。水质分析中浊度的单位是 NTU，一般地表水的浊度较高。

主要形成原因	标准
由水体中含有泥沙、黏土、以及浮游生物和其他微生物等悬浮物造成	不得超过3NTU，当水源与净水技术条件限制时不得超过5NTU（农村小型集中供水）
危害	处理方法
高浑浊度的水对人体健康产生危害，在饮用水生产过程中浑浊度会干扰水中细菌和病毒的检测，影响消毒效果	1. 沉淀处理 2. 过滤处理 3. 超滤膜技术

浑浊度

农村供水降低浑浊度的方法主要有以下三种：

（1）沉淀处理

沉淀是指在水中加入混凝剂搅拌，然后依靠重力作用沉淀降低浑浊度。一般自来水厂中的沉淀工艺有平流沉淀池、斜管与斜板沉淀池，沉淀池的具体设计可参考《村镇供水设计规范》。农村家庭也可以向水中投加明矾然后快速搅拌，沉淀后取上清液以达到净水的目的。

（2）过滤处理

过滤一般是指以石英砂等粒状滤料层截留水中悬浮杂质，从而使水获得澄清的工艺过程。

（3）超滤膜技术

超滤膜技术是使液体混合物中的小分子溶质透过膜，而大分子物质则被截留，从而实现大、小分子的分离、净化的目的。

小型集中供水工程，原水浊度较低且变化较小时，可选择一体化净水器。针对分散式供水，用户可选择家用式净水器。

小型家用式净水器

▶ （三）总硬度

水的总硬度指水中钙、镁离子的总浓度，其中包括碳酸盐硬度和非碳酸盐硬度。我国使用较多的硬度表示方法是将所测得的钙、镁折算成碳酸钙（$CaCO_3$）的质量（单位：mg/L），一般地下水的硬度较高。

锅底的水垢

主要形成原因	标准
水中硬度主要来源是沉积岩及土壤冲刷的金属离子。主要是钙离子和镁离子	总硬度（以$CaCO_3$计）限值为550 mg/L(农村小型集中供水)

总硬度

危害	处理方法
长期饮用硬水容易导致胆结石、肾结石等结石病，同时会造成皮肤瘙痒、过敏性皮炎等多种皮肤病的发生	1. 加热软化法 2. 药剂软化法 3. 化学结晶造粒流化床

硬度的去除方法有：

（1）加热软化法

通过加热把碳酸氢盐硬度（暂时硬度）转化成溶解度很小的碳酸钙和氢氧化镁沉淀出来，但永久硬度不能用加热的方法软化。

（2）药剂软化法

通过添加化学药剂把钙、镁盐转化成碳酸钙和氢氧化镁沉淀，常用的药剂法有石灰法、石灰—纯碱法、石灰—苏打法、磷酸盐法等。

（3）化学结晶造粒流化床

化学结晶循环造粒是由西安建筑科技大学开发的一种工艺，其主要通过向水中投加化学药剂，使的水中的钙离子、镁离子发生化学反应生成碳酸钙/氢氧化镁晶体，进而将水中硬度降低，不产生副产物，产生的碳酸钙颗粒可以回收利用。化学结晶循环造粒降低地下水

造粒流化床设备

中硬度的技术具有处理效率高、出水效果稳定、操作管理简单和不产生副产物的优点。

集中式供水的村镇可选择药剂软化法和造粒流化床技术去除水中的硬度，对于分散供水的区域或个别用户可选择简单易行的加热软化法去除水中的硬度。

▶ （四）氨氮（NH₄⁺-N）

氨氮指水中以游离氨（NH₃）和铵离子（NH₄⁺）形式存在的氮。

主要形成原因	标准
氨氮主要来源于大气中化石燃料燃烧和汽车尾气排放的氮氧化物、生活污水和某些含氮工业废水的排放	国家标准，氨氮的浓度≤0.5 mg/L
危害	**处理方法**
1. 对神经中枢系统具有毒性； 2. 导致认知能力丧失，突发性心脏病，及脑瘫等症状	1. 折点氯化法 2. 生物脱氮法 3. 沸石选择性交换吸附

（中央标识：**氨氮**）

降低氨氮的方法有：

（1）折点氯化法

投加过量氯或次氯酸钠，使水中氨完全氧化为 N_2 的方法，称为折点氯化法。折点氯化法对氨氮的去除率达90%～100%，处理效果稳定，不受水温影响，基建费用也不高。但运行费用高，残余氯及氯代有机物须进行后处理。

（2）生物脱氮法

在好氧条件下，通过亚硝化细菌和硝化细菌的作用，将氨氮氧化成亚硝酸盐氮和硝酸盐氮的过程，称为生物硝化作

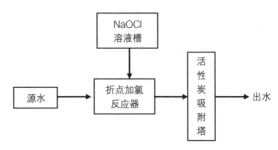

折点加氯法脱氮工艺流程

用。常见的处理工艺有曝气生物滤池，生物活性炭滤池等。

（3）沸石选择性交换吸附

利用沸石对 NH_4^+ 的选择性吸附性，可选择吸附去除水中氨氮。天然沸石的种类很多，用于去除氨氮的主要为斜发沸石。

以上三种去除水中氨氮的方法均适用于集中式供水系

沸石材料

统，对于村镇中分散式取水的用户可选择添加氯或次氯酸钠等药剂来去除氨氮，也可选择安装市场上售卖的小型家用式净水器。

▶ （五）铁、锰

地下水水质的主要问题之一是铁、锰含量超标。超标的原水必须经过除铁除锰处理。

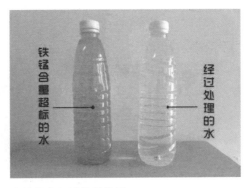

含铁锰水经过处理前后

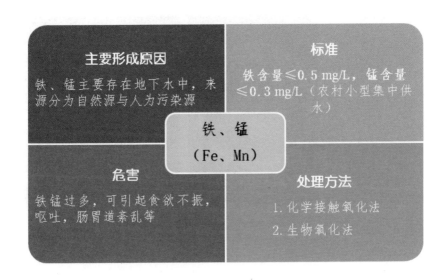

除铁锰的方法有：

（1）化学氧化法

地下水经过简单曝气后，直接进入滤池，在滤料表面催化剂的作用下，Fe^{2+}、Mn^{2+} 被氧化后直接被滤层截留去除。接触氧化法是目前应用最为广泛的处理技术。

自来水厂中的催化氧化除铁、锰系统

农村小型催化氧化除铁锰设备

（2）生物氧化法

生物氧化法是指在滤池中接种铁锰氧化细菌，经培养在滤料表面形成一个复杂的微生物生态系统。该法提高了除铁锰效果，降低了工程投资及运行费用。

对于村镇较大规模的集中供水工程，除铁锰可选用化学催化氧化系统和生物滤池系统，小规模的分散式供水工程可选用小型的化学催化氧化除铁、锰设备。

▶ （六）砷（As）

　　在自然条件下，含砷化合物可以通过风化、氧化、还原和溶解等反应，将砷释放到环境中。地下水中砷污染区域的含水层富含砷化物，含砷化合物的砷进入地下水，是导致地下水中砷浓度升高的主要因素。

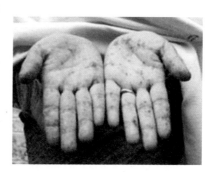

砷中毒

主要形成原因	标准
水体中的砷来自于砷化物的开采和冶炼、矿物及岩石的风化等途径。水中的砷通常有三价砷和五价砷两种形态	饮用水中砷最高容许浓度为 0.05 mg/L（农村小型集中供水）

砷（As）

危害	处理方法
砷化物有剧毒，长期摄入高砷水，容易在人体内积累，造成慢性砷中毒，使人体产生致癌等危害	1. 强化混凝技术 2. 吸附法 3. 离子交换法

集中式地下水除砷的方法有混凝法和吸附法。

（1）混凝法

混凝法主要利用混凝剂形成的中间絮体吸附五价砷，然后过滤去除水中的砷。最常见和运用最广泛的无机混凝剂是铁盐和铝盐混凝剂，如聚合氯化铝、硫酸铝、三氯化铁等。

（2）吸附法

以具有高比表面积、不溶性的固体材料作吸附剂，通过物理、化学等吸附作用或离子交换作用，将水中的砷污染物固定在自身的表面上，从而达到除砷的目的。常用的吸附剂有活性氧化铝、离子交换树脂、针铁矿等。对于村镇中分散式取水的用户可采用负载有铁锰复合氧化物的吸附氧化滤料，选择的吸附滤料应符合卫生要求。

▶ ## （七）氟（F）

氟是有机体生命活动所必需的微量元素之一，但长期饮用高氟水会引起氟中毒，典型病症是氟斑牙（斑釉齿）和氟骨症。当水中含氟量超过 1.2 mg/L，需采取除氟措施。

我国饮用水除氟方法中，应用最多的是吸附过滤法，作为滤料的吸附剂主要是活性氧化铝，其次是骨炭。这两种方法都是利用吸附剂的吸附和离子交换作用，是除氟的比较经济有效的方法。

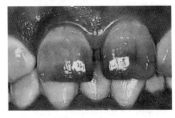

氟斑牙

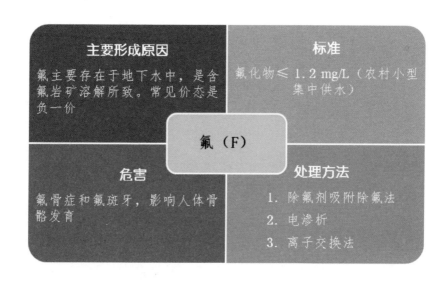

　　目前统一供水工程中应用较多的是活性氧化铝吸附法，分质供水工程中应用较多的是电渗析法和反渗透法。因此，选择除氟工艺应根据原水水质、设计规模等，通过技术经济比较后确定。

五 农村饮用水工程运行与管理

▶ **（一）运行管理机构**

在《农村饮用水安全工程建设管理办法》（发改农经〔2013〕2673号）中，对农村饮用水安全工程职责分工做出了详细规定，各有关部门要在政府的统一领导下，各负其责，密切配合，共同做好农村饮用水安全工作。

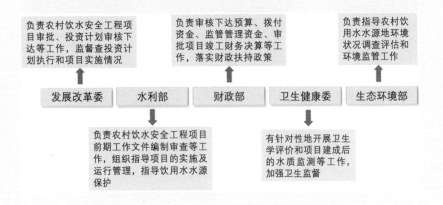

1. 县级部门建立农村饮用水安全工程管理服务机构

建立健全供水技术服务和水质监测制度，提供技术和维修服务，保障供水水量和水质达标。

2. 乡镇政府建立供水管理站

负责农村饮用水安全运行保障工作，不定期进行明察暗访，并向群众公开收支情况，接受群众监督。搭建公众参与平台，强化社会监督。

3. 村级实行专人负责，群众参与

确保管理和保护落实到人、责任落实到处。制定饮用水

管理制度，健全巡查制度，加强宣传教育，鼓励群众积极参与。

（二）运行管理制度

国家发展改革委、水利部和卫生健康委高度重视农村饮用水安全工程建设与管理的制度建设，在认真调查研究和广泛征求意见后，制定了一系列政策措施，保障农村供水安全。主要强调实行分级负责制，设立相关管理单位和提升工程运行管理水平：

（1）《农村饮用水安全工程建设管理办法》（发改农经〔2013〕2673号）；

（2）《村镇供水工程运行管理规程》（SL 689-2013）；

（3）《关于加强农村饮用水安全工程建设和运行管理工作通知》（发改农经〔2007〕1752号）；

（4）《关于加强农村饮用水安全工程卫生学评价和水质卫生监测工作的通知》（卫疾控发〔2008〕3号）；

（5）《关于加强农村饮用水安全工程水质检测能力建设的指导意见》（发改农经〔2013〕2259号）。

（三）保护饮用水水源地及水处理设施

1. 饮用水水源地的保护

饮用水地表水源保护区划分为一、二级和准保护区，其中一、二级保护区水域、陆域范围如下图所示：

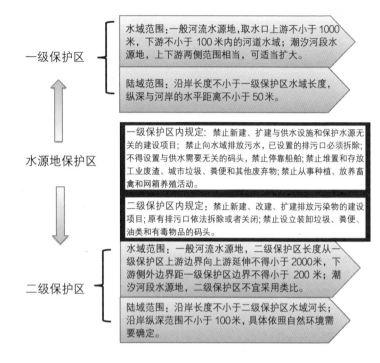

一级保护区

水域范围：一般河流水源地,取水口上游不小于1000米,下游不小于100米内的河道水域;潮汐河段水源地,上下游两侧范围相当,可适当扩大。

陆域范围：沿岸长度不小于一级保护区水域长度,纵深与河岸的水平距离不小于50米。

水源地保护区

一级保护区内规定：禁止新建、扩建与供水设施和保护水源无关的建设项目;禁止向水域排放污水,已设置的排污口必须拆除;不得设置与供水需要无关的码头,禁止停靠船舶;禁止堆置和存放工业废渣、城市垃圾、粪便和其他废弃物;禁止从事种植、放养畜禽和网箱养殖活动。

二级保护区内规定：禁止新建、改建、扩建排放污染物的建设项目;原有排污口依法拆除或者关闭;禁止设立装卸垃圾、粪便、油类和有毒物品的码头。

二级保护区

水域范围：一般河流水源地,二级保护区长度从一级保护区上游边界向上游延伸不得小于2000米,下游侧外边界距一级保护区边界不得小于200米;潮汐河段水源地,二级保护区不宜采用类比。

陆域范围：沿岸长度不小于二级保护区水域河长;沿岸纵深范围不小于100米,具体依照自然环境需要确定。

2. 饮用水水源保护区标识

3. 保护水处理设施及管网

　　进一步增强饮用水水源保护能力，充分发挥其效益；保护水环境，强化设施保障，保护水处理设施及管网。实施过程主要有以下五个方面：

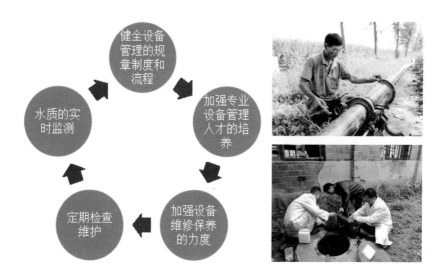

▶ **（四）节约用水**

1. 避免不必要的浪费

　　例如可以用盆子盛水而不是开水龙头放水冲洗；家庭洗涤手巾、瓜果等少量用水。

2. 循序用水

例如可以用淘米水洗菜，再用清水清洗，不仅节约了水，还有效地清除了蔬菜上的残存农药；洗衣水洗拖把、再冲厕所等。